从无到有，万物都经历变化；
探访起源，了解造物的法则。

昆虫的成长是一场华丽的蜕变，
是大自然创造的神奇魔法。

小小的昆虫如何上演"易容术"？

翻开书，让我们一起揭开万物起源的秘密。

U0332388

万物起源的秘密

昆虫易容术

陈美玲等 / 著　　陈振祥等 / 摄影　　崔丽君等 / 插图

海峡出版发行集团
THE STRAITS PUBLISHING & DISTRIBUTING GROUP | 福建少年儿童出版社
FUJIAN CHILDREN'S PUBLISHING HOUSE

目录 CONTENTS

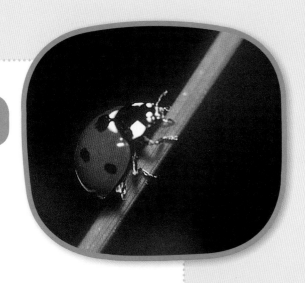

萤火虫

蚕

豆 娘

螳 螂

瓢虫

瓢虫，全世界已知的有5000多种，由于其腹部扁平，背面隆起成半球形，很像人们用来舀水的瓢，因此被叫作"瓢虫"。

在树叶上产卵的雌瓢虫。

知识链接

鲜艳亮丽的瓢虫身体娇小玲珑、形态秀气，因此又有"淑女虫"之称，也有人叫它们"花大姐"。

金黄色的卵

瓢虫妈妈准备产卵了，它要找一个安全又有食物的地方，可以是蚜虫密集的枝叶或瓢虫爱吃的植物，好让幼虫宝宝一出生就有东西吃，平平安安地长大。

知识链接

瓢虫种类很多，以摄食习性来分，可分为肉食性和植食性两种，其中肉食性瓢虫的数量更多。

雌瓢虫一生产卵10余次，每一次产30～40颗卵。

长椭圆形的卵好像小橄榄球，每颗的长短约2毫米。

经过三四天，卵渐渐变色，且有黑条纹出现。

卵上的黑条纹越来越明显。

顶破卵壳，幼虫孵出来了。

肉食性瓢虫的幼虫才孵出没多久，就会自己找蚜虫吃。

肉食性瓢虫的幼虫，喜欢吃蚜虫。

食物不够时，有些肉食性瓢虫的幼虫会自相残杀。

知识链接

　　肉食性瓢虫主要以蚜虫、介壳虫、叶蝉、飞虱、木虱等同翅目的昆虫为食，这一类的瓢虫体色很鲜艳且具有光泽，它们的幼虫食性和成虫相同。

刚孵出的幼虫，身体有些透明。

幼虫的体色慢慢变深，渐渐长满细毛。

孵出来了

金黄色的卵慢慢变色，幼虫宝宝从卵里钻出来了，全身长满细毛的幼虫宝宝，一点都不像爸爸妈妈。幼虫宝宝会把卵壳吃掉，然后再四处寻找食物。长满细毛的幼虫尾巴上有个吸盘，配合6只脚，在光滑的枝叶上爬行活动，不容易掉下来。

植食性瓢虫的幼虫正在吃叶片，把叶子啃得坑坑洞洞。

知识链接

植食性瓢虫主要以植物的叶、花粉或一些菌类的菌丝、孢子为食。

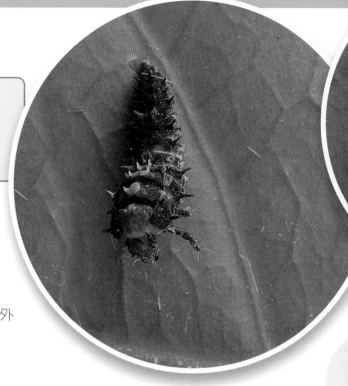

幼虫开始蜕皮了，外层的旧皮从背上裂开。

幼虫宝宝
变成蛹

　　不停地吃，不停地长，每隔三四天，幼虫宝宝就会蜕皮一次，长大一点。经过 3 次蜕皮，幼虫宝宝终于成熟了。幼虫宝宝成熟后就不再吃东西，会在树叶下、树干上等隐秘的地方化蛹。刚形成的蛹很柔软，过了一两天，会慢慢变硬，颜色慢慢变深，蛹内的成虫也逐渐发育成形。

最后一次蜕皮后，幼虫会用尾巴上的吸盘吸住枝叶，倒挂着。

旧皮慢慢
蜕到尾巴。

幼虫每隔三四天
会蜕皮一次，经过3
次蜕皮才算成熟。

蜕皮终于完成了。

身体蜷曲，弓起背，幼虫变
成蛹了。

当敌人靠近时，紧紧吸附在枝
叶上的蛹会整个翘起或动一下，吓
走敌人，保护自己。

为了吸收阳光，蛹也会适
时调整自己的角度。

知识链接

平常后翅折叠在前翅内，好像没有什么作用，但是瓢虫
准备起飞时，却全得靠薄薄的后翅不断地扇动才能
飞行，这时前翅虽然张开，但只是具有平衡功能。

蛹渐渐变硬，颜色也渐渐变深。

昆虫当中，瓢虫常常能率先知道春天的讯息，它的体内似乎有个敏感的温度计，能从温度的变化中感觉到春天的来临。

钻出蛹壳 变瓢虫

哇！蛹壳裂开了，瓢虫正在努力往外钻。刚羽化的瓢虫身体颜色较淡，翅膀湿湿皱皱的，大约过半个小时，身体变得越来越光滑，颜色也越来越鲜艳，等翅膀上的斑纹出现，就是一只可爱的小瓢虫！

哇！一只亮丽的小瓢虫出现了。

翅膀上的斑纹慢慢出现了。

蛹渐渐翘起并剧烈地抖动。啊！蛹裂开了。

小瓢虫出来了！

翅膀越来越光滑。

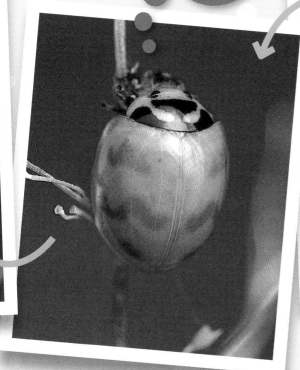

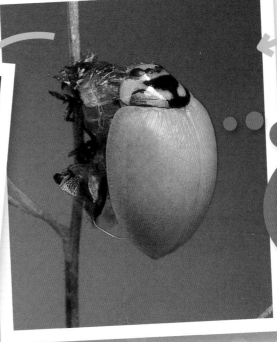

刚羽化的小瓢虫翅膀皱皱的，没有圆点或花纹。

知识链接

当天气太冷或太热时，瓢虫会集体避寒、避暑，落叶下、草丛中、岩缝里、墙角边常是它们选择的地点。

遇到危险，瓢虫会六脚朝天先装死。

敌人走了，准备翻身！

瓢虫遇到鸟类袭击时，会从
脚的关节处分泌黄色的臭毒汁，
让鸟儿不敢吃！

翅膀张开，用力！用力翻呀！

终于翻过来了。

寄生在瓢虫身上的寄生蜂，也是瓢虫的天敌。

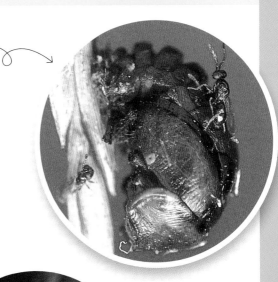

好好保护自己

鸟类、蜘蛛、寄生蜂、蛙类都是瓢虫的天敌。小瓢虫身体小，保护自己的方法很巧妙：

★ 六脚朝天先装死，趁敌人不注意时再逃走。

★ 身体色彩鲜艳，警告敌人自己有毒、很危险。

★ 放出臭毒汁，吓得敌人都跑掉。

瓢虫不小心闯进蜘蛛布下的网。被蜘蛛网层层包住的瓢虫，变成蜘蛛的食物了！

考考你

如何为不同的瓢虫命名呢？（　　　）

A.根据瓢虫大小

B.根据翅膀的颜色

C.根据翅膀上的斑点数量

D.根据翅膀上的纹路

波浪瓢虫

小瓢虫种类多，颜色花纹不一样，大家出来亮亮相，看谁最漂亮。

黄瓢虫

六条瓢虫

七星瓢虫

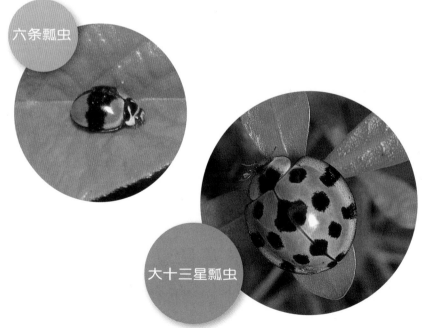

大十三星瓢虫

答案：ABCD

蝴 蝶

蝴蝶五彩缤纷的翅膀、翩翩起舞的身影，总是吸引着众人的目光。我们居住的地球，因为这些色彩斑斓的美丽昆虫而增色不少。大多数蝴蝶扮演着传播植物花粉、维持生态平衡的角色。

知识链接

森林是适合蝴蝶幼虫成长的环境，但对于一般成蝶来说缺少食物。

小宝宝 诞生了

蝴蝶妈妈把卵产在宝宝爱吃的树叶上，一段时间之后，小小的毛毛虫就从黄色的卵中孵出来啦！它们先把富含营养的卵壳吃掉，然后就开始大口大口地把身边的树叶吃下肚。小毛毛虫每隔一阵子就蜕下一层旧的皮，每蜕一次皮就长大一些。

雌美凤蝶产下黄色的卵。

卵的颜色越来越深，表示小毛毛虫快要孵出来了。

幼虫孵出来后，会先把卵壳吃掉，补充营养

终龄幼虫变成绿色，身上的纹路可以吓跑敌人。

美凤蝶幼虫遇到敌人时会伸出臭角，发出臭味赶走敌人。

一龄到三龄的美凤蝶幼虫，长得好像鸟大便，让敌人不想吃它。

知识链接

　　森林中一些会分泌树液的树，会吸引喜欢吸食树液的珍稀蛱蝶。

毛虫变变变

长大了的毛毛虫，会吐丝把自己固定在树枝上，不吃东西也不移动，身体慢慢地化成一个蛹。有的蛹把自己伪装成一片卷曲的树叶，会随时间变化颜色。毛毛虫静静沉睡在蛹中，准备变成一只美丽的蝴蝶。

终龄幼虫会吐丝线，把自己固定在安全隐秘的树枝上。

"前蛹期"幼虫不吃也不动，经过一两天，旧壳会从头上裂开。

美凤蝶的蛹会因为环境不同，呈现绿色或褐色。

幼虫用力地扭动身体，将旧壳蜕掉。

蜕下最后一次皮，幼虫变成蛹了。（本节摄影：吕晟智）

知识链接
蝴蝶翅膀上的鳞片大多是宽扁鱼鳞状的。

17

神奇的魔术

小小的蛹静静地挂在树枝下，颜色一天天变深，像在变神奇的魔术。新生的蝴蝶使劲扭动体躯和附肢，使蛹壳裂开一个小洞，皱皱的蝴蝶从蛹中脱出，成功羽化了！

蛹的颜色慢慢变深，蝴蝶羽化越来越近了。

蛹壳破了一个洞，蝴蝶努力地从蛹中钻出来。

一般来说，上午的 9 点至 11 点是蝴蝶活动最频繁的时刻。

刚羽化的蝴蝶翅膀皱皱的。

啊！好漂亮的美凤蝶。

知识链接

大部分的蝴蝶很喜欢吸花蜜，也有一些蝴蝶喜欢吸食清水或腐熟水果的汁液。

口器

蝴蝶的口器像吸管，平常卷起来，吃东西时才伸直。

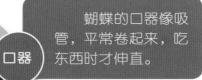

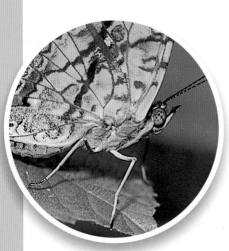

把口器伸直，才能吸得到花蜜。

头

蛱蝶科的前脚退化萎缩在胸部下侧，平时只用4只脚站立。

胸

腹

大部分的蝴蝶有6只脚，各脚发育正常。

足

蝴蝶的脚有站立、爬行及感觉的功能。

触角

蝴蝶的触角是嗅觉器官，可以闻到食物的味道。

大部分的蝴蝶触角是棍棒状。

弄蝶科的蝴蝶触角末端是尖尖的弯钩。

复眼

蝴蝶的复眼是由许多小眼组成的。

前翅

后翅

蝴蝶的翅膀上有很多鳞片，排列出各种花纹。

鳞片

（美凤蝶雌蝶）

知识链接

大多数种类的蝴蝶在静止时翅膀闭在一起。

蝴蝶身上的鳞片有什么作用？（   ）

A.保护翅膀并强化翅膀的能力。

B.帮助吸收光热使体温加速升高以利飞行。

C.鳞片排列出的图案能形成良好的视觉效果，达到求偶等目的。

D.有些雄蝶的鳞片能散发吸引雌蝶的味道，称为"发香鳞"。

答案：ABCD

萤火虫

草丛里、小溪边，有一群会飞的"小星星"，它们是闪着亮光的萤火虫。萤火虫是鞘翅目、多食亚目、萤科的昆虫，分布在温带、亚热带及热带地区。

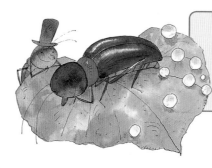

雌黄缘萤伸出产卵管，产下一个一个圆圆的卵。

雌黄缘萤把卵产在水边潮湿的青苔上。

萤火虫 妈妈 产卵了

　　萤火虫妈妈会把卵产在潮湿阴暗的土壤里、叶片上、水草上或水边潮湿的青苔上。一般萤火虫一次可产下100～200颗卵，刚刚产下的卵很软，表面有一层黏稠透明的物质，看起来像果冻，要经过两三天才会变硬，大约20～30天后，萤火虫幼虫就孵出来了。

看，窗萤的卵是这么孵化的。

萤火虫宝宝爱吃肉

　　萤火虫宝宝喜欢吃有壳的生物。当发现猎物时，它们会先分泌麻醉液将猎物麻醉，再爬进壳里用大颚夹住肉，并分泌消化液把肉溶解，然后才开始享受美味的肉汁大餐。吃不完的话，它们还会在壳内休息，等饿了以后再继续吸食。

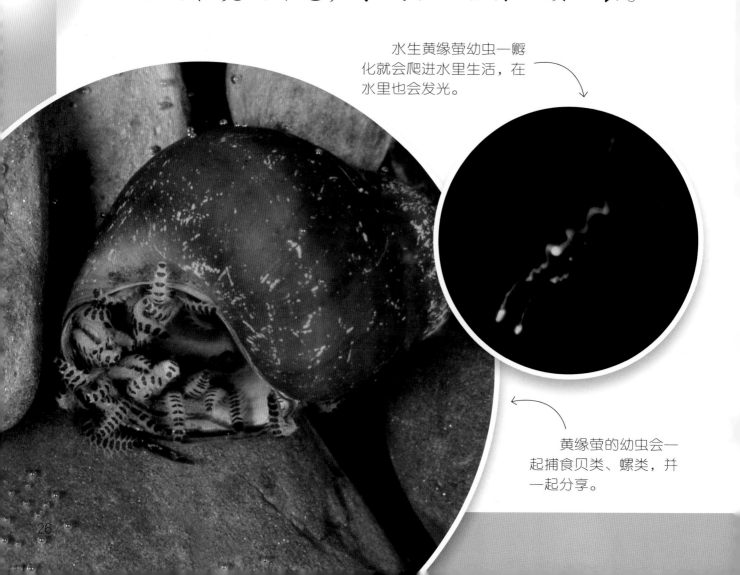

水生黄缘萤幼虫一孵化就会爬进水里生活，在水里也会发光。

黄缘萤的幼虫会一起捕食贝类、螺类，并一起分享。

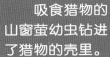
吸食猎物的山窗萤幼虫钻进了猎物的壳里。

幼虫有镰刀状的大颚。
（摄影／陈灿荣）

橙萤幼虫正在捕食蚯蚓。
（摄影／陈灿荣）

山窗萤幼虫正在捕食蜗牛。
（摄影／陈灿荣）

知识链接

　　孵化后，水生萤火虫的幼虫会直接掉进水里或爬向水中，在水中生活，以水中的螺、贝类为食；陆生萤火虫幼虫则在潮湿的地上活动，以蜗牛、蛞蝓或蚯蚓为食。

蜕皮一次
就长大一些

萤火虫宝宝越吃越多，越长越大，扭动着身体，准备蜕皮啦！刚孵化的萤火虫宝宝称为一龄幼虫，经过第一次蜕皮后就是二龄幼虫，每蜕一次皮就长大一些，大多数的萤火虫宝宝要蜕6次皮才会化蛹。

正在蜕皮中的黑翅萤幼虫。

刚蜕完皮的幼虫体色比较淡。

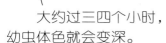

大约过三四个小时，幼虫体色就会变深。

正在蜕皮的山窗萤幼虫。

刚蜕完皮的
山窗萤幼虫。

化蛹前，
萤火虫幼虫会
先蜕一层皮。

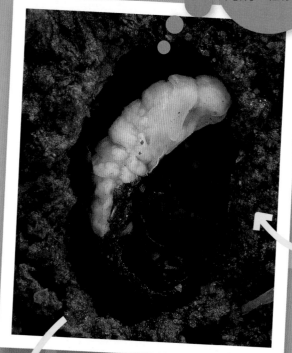

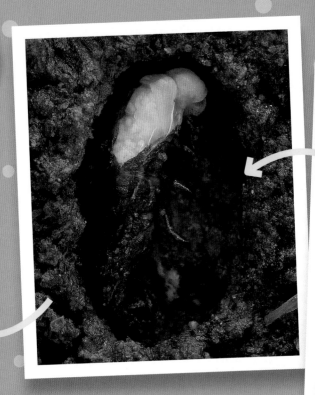

蜕完皮，就
是白色的蛹。

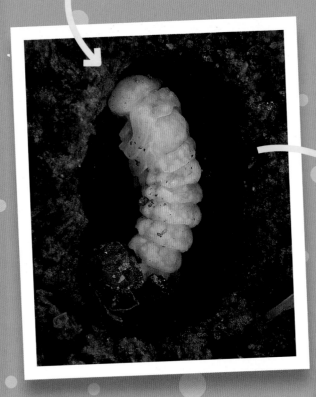

黄缘萤幼虫（水生萤火虫）钻进土里造个蛹室后，就不再吃东西。

化蛹、
静静等待

　　快要化蛹时，胖胖的萤火虫宝宝会寻找安全的好地方。水生萤火虫宝宝会爬上岸，钻进湿软的泥土里，挖一个小房间作为蛹室。萤火虫宝宝身上还会分泌液体，使蛹室更坚固。陆生萤火虫宝宝则会在生长地附近寻找隐秘的地方化蛹，像是松软的岩穴、土缝、落叶堆里。

哇！蛹的尾部还会发光呢！

知识链接

　　不同种类的萤火虫，幼虫期的时长不一样，有的种类是3个月，有的种类是10个月。

蛹皮裂开了!

① ② ③

⑤ ⑥ ⑦

刚刚离开蛹皮的萤火虫，全身白白的，翅膀有点皱，还得在土里待一阵子，等颜色变深。

知识链接

萤火虫成虫寿命很短，一般为 3~7 天。

变成萤火虫

化蛹后7~10天，又薄又透明的蛹皮会从上方裂开，萤火虫开始羽化了，从蛹皮中慢慢钻出。刚羽化出来的萤火虫，和以前大不一样了！身体颜色很浅，翅鞘是乳白色的，只有等到身体颜色变深了，它们才能自由行动。

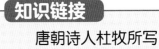

知识链接

唐朝诗人杜牧所写的"银烛秋光冷画屏，轻罗小扇扑流萤"就是在描写萤火虫呢！

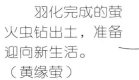

羽化完成的萤火虫钻出土，准备迎向新生活。（黄缘萤）

萤火虫
大家族

这些颜色不同、体形各异的小家伙们都是萤火虫哟！

知识链接

美国南部有一种萤火虫的雌虫，会模仿其他种类的雌萤火虫的发光讯号，诱捕其他种类的雄萤火虫。

红胸黑翅萤

黄缘短角窗萤

橙萤（摄影／陈灿荣）

大端黑萤

知识链接

有些种类的雌萤火虫翅膀退化，长度只有身体的一半，有的翅膀甚至完全退化，外形看起来和幼虫十分相像。

山窗萤

奥氏弩萤

黄胸黑翅萤

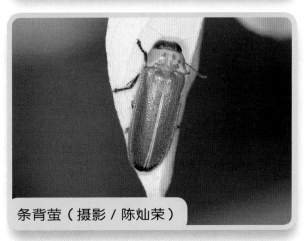
条背萤（摄影／陈灿荣）

双色重须萤（摄影／陈灿荣）

鹿野氏黑脉萤（摄影／陈灿荣）

下面哪一只是雌萤火虫？（　　）

A　　　　　　　　　　B

答案：A

蚕

蚕有许多种类，这里介绍的是人类所饲养的桑蚕，它们只吃桑叶。蚕一生会经过卵、幼虫、蛹和成虫4个时期，属于完全变态类昆虫。

没有结婚的蚕蛾也会产卵，这些卵不会变色，也孵不出幼虫。

正在产卵的雌蚕蛾。

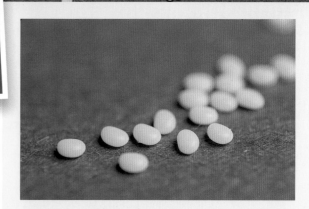

刚产出来的卵是黄白色的。

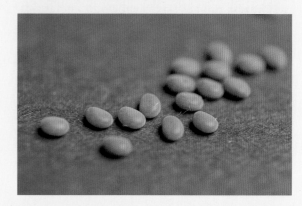

幼虫快孵化出来的时候卵会变成暗色。

知识链接

一只雌蚕蛾可产下约500颗卵。

这里有四五百颗卵。

蚕蛾妈妈产卵

蚕蛾妈妈肚子大大的，全身长满鳞毛、布满鳞粉，我们用手轻轻一碰，就会沾到鳞粉。蚕蛾妈妈先排出体中的废物，然后开始产卵。刚产下的卵是淡黄色的，具有黏性，产在哪儿，就粘在哪儿，一颗颗排在一起，颜色慢慢变深。

知识链接

蚕蛾身上的鳞粉可以防止水分弄湿其身体。

蚁蚕咬破卵壳。

探出头来。

爬出来了！

蚕宝宝
又小又黑

　　刚孵出来的蚕宝宝是黑褐色的，十分细小，全身长有细毛，好像小蚂蚁，所以被称为蚁蚕或毛蚕。

　　蚁蚕由于口器未发育完全，只会吃鲜嫩的桑叶，有时饲养者甚至得将桑叶切碎后，再喂给蚁蚕吃，每两三小时就得喂食一次。

蚁蚕孵出来后，卵壳变成灰白色。

刚孵出来的蚁蚕黑黑小小的，有细细的毛。

蚁蚕慢慢长大了。

蚁蚕把桑叶咬得一个洞一个洞的，或是将桑叶啃成薄薄一片。

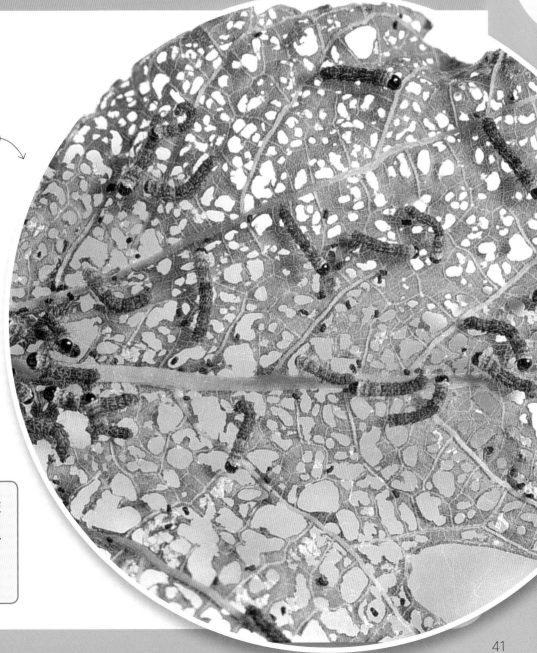

知识链接

"龄"是计算蚕年纪的单位。刚出生的蚁蚕是一龄蚕，每蜕一次皮，就增加一龄。

蚕从上到下吃
东西的样子，好像
在点头。

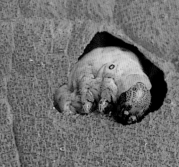

蚕不只会从叶缘开始
啃，也会从叶子中间咬个
洞开始吃。

吃呀吃，吃不停

蚕宝宝靠下唇辨认桑叶的气味。它们不停地吃，小小的头上下摆动，就像在不停地点头，不一会儿，就能吃光一大片叶子。

蚕会用足抱着桑叶啃。

蚕会左右摆头，却不会左右啃桑叶。

知识链接

保持干净的、通风良好的
环境，蚕才会健康。

桑叶里所含的水
分已经能够满足蚕的
身体需要，所以蚕不
需要再喝水。

桑叶是蚕的食物，
也是蚕的床。

盒中的蚕粪、蚕蜕下的皮、吃剩的桑叶，在添加桑叶时要记得清除掉，让蚕的家保持干净。

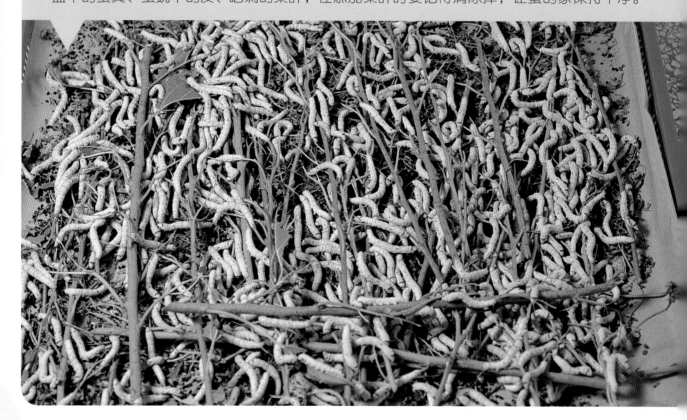

吃得多，拉得多

蚕宝宝吃下一片一片绿色的桑叶，拉出一粒一粒黑色的粪便。吃下的大量桑叶经过消化、吸收后，提供身体组织、器官的生长发育所需的能量。除此之外，蚕宝宝的身体还要储存大量的养分，留待吐丝结茧、变蛹、化蛾及蚕蛾时期用。

蚕越大，"嗯"出来的大便越大。

蚕的大便黑黑的，形状像沙子。

蚕摆动身体，让旧皮往后蜕。

加油！

加油，加油！

蚕蜕皮前1~2天不吃不动，就像睡着了，这种状态我们称为"眠"。

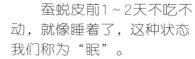

知识链接

眠的时间依蚕龄不同而长短不一，四龄蚕的眠期最长。

翘起尾巴，用力！

皮蜕下来了。

蚕宝宝 会长大

知识链接

蚕每隔 4 ~ 7 天蜕一次皮。

蚕宝宝吃着吃着，身体会变胖，也会变长，可是皮肤却不会跟着长，所以每隔几天，身体长大一些，蚕宝宝就必须蜕掉旧皮。

蚕宝宝蜕皮前会竖起头不吃不动，像在睡觉，称为"眠"，然后就像我们脱袜子一样将皮倒翻脱下来。蜕掉旧皮后，蚕宝宝会继续吃，继续长大。

蚕正在蜕头上的皮。

一蜕下头上的皮，蚕的头就变大了。

蚕宝宝吐丝结茧了

蚕一次只吐一条丝。

蚕宝宝蜕完4次皮，再吃一星期左右的桑叶，就会停止进食，这时蚕体内两侧的丝腺体发育成熟，成为"熟蚕"。熟蚕会向上爬，找个角落，准备吐丝结茧。

吐丝结茧前，蚕会小便、大便，排除身上过多的水分。

知识链接

蚕在平时排尿量小，而且尿是随粪便排出的，只有吐丝结茧前才会大量排尿。

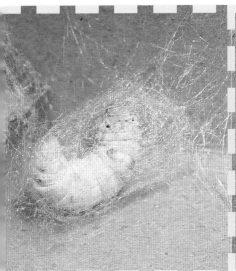
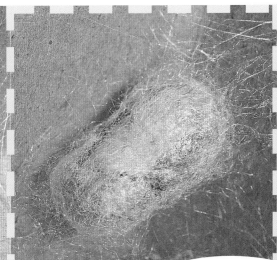

蚕茧摸起来厚厚的、凹凸不平。

蚕吐出细细长长的丝把自己包起来，形成的白色小包包，就是茧。

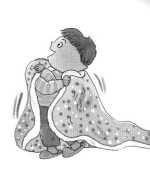

知识链接

蚕丝是由许多"丝心蛋白纤维"规则排列组成的。

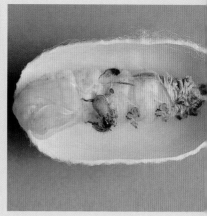

蚕宝宝在茧中蜕皮，变化成蛹。

蚕宝宝变成蛾

　　蚕宝宝吐丝结茧后约两个星期，就在茧里慢慢变成蛹，再变成蚕蛾。蚕蛾会分泌出碱性液体来软化茧壳，再咬破茧壳钻出来。一只胖嘟嘟、毛茸茸的蚕蛾诞生啦！

蚕蛾把茧咬破了一个洞。

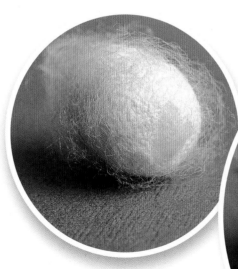

知识链接

　　蚕不是从嘴巴吐丝，而是从吐丝孔吐丝。

知识链接

　　蚕蛾不再进食，完全依赖幼虫时期所贮存的养分维生。

头探出来了。

蚕蛾钻出来了。

吃得好、吃得饱的蚕，破茧而出后变成健康的蚕蛾。

蚕的体节前3节称为胸部,有3对胸足;后10节称为腹部,有4对腹足和1对尾足。

暗藏玄机的
蚕宝宝

蚕宝宝有12个眼睛,却什么也看不清楚;有好多好多脚,却怎么也走不快。

蚕的身体共有13节,前端黑褐色部分是头,有眼睛、口器、吐丝孔和触角。第2节背部的眼状斑纹只是斑纹,并不是它的眼睛。

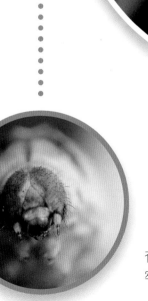

蚕有12个眼睛,左边6个,右边6个,都是黑黑小小的单眼。

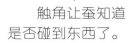

触角让蚕知道是否碰到东西了。

蚕的脚上有倒钩,能牢牢抓着枝干。

蚕走路时用脚撑着，用力向前一缩，身体就往前移动了，可是走得很慢。

尾角有平衡作用，爬上爬下时身体才不会摇摇摆摆。

知识链接
蚕的体节两侧有 9 对气孔，用来呼吸。

蜕过四次皮的蚕宝宝是几龄蚕？（　　　）

A.三龄蚕

B.四龄蚕

C.熟蚕

D.五龄蚕

豆娘

豆娘属于蜻蜓目中的束翅亚目，前后翅的大小、形状、翅脉都与蜻蜓非常相似，但它们是不同的昆虫。中国约有 650 种豆娘。

豆娘在产卵。

华丽的蜕变

　　豆娘妈妈把卵产在水中或水中植物的茎叶里。小时候的豆娘宝宝就在水里长大，以水中的小生物为食。背上长出小小的翅膀后，豆娘宝宝会爬到离水很近的枝梗上，经过蜕皮、羽化，成为可以轻盈飞舞的豆娘。

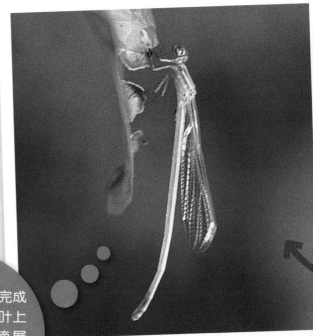

知识链接

　　豆娘的身体较为细长，且大部分品种的豆娘在停栖时，翅膀都是竖起来的。

刚刚羽化完成的豆娘，会在叶上停栖，等翅膀展开、晾干后，才开始飞翔。

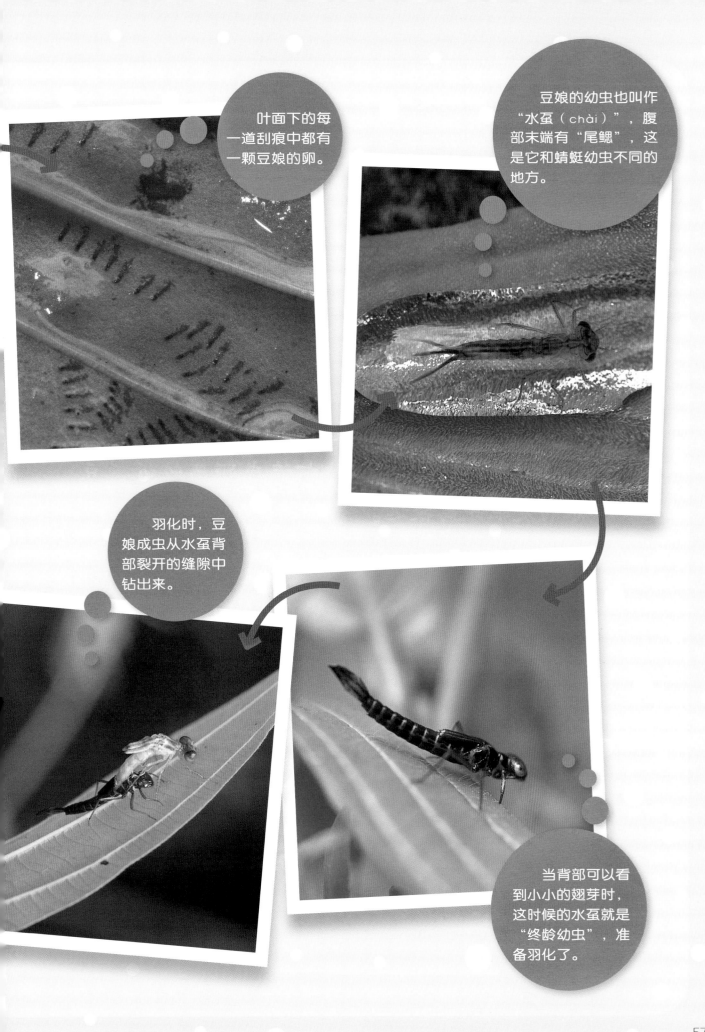

叶面下的每一道刮痕中都有一颗豆娘的卵。

豆娘的幼虫也叫作"水虿（chài）"，腹部末端有"尾鳃"，这是它和蜻蜓幼虫不同的地方。

羽化时，豆娘成虫从水虿背部裂开的缝隙中钻出来。

当背部可以看到小小的翅芽时，这时候的水虿就是"终龄幼虫"，准备羽化了。

考考你

豆娘和蜻蜓有什么区别？ （　　　）

A. 蜻蜓的胸部肌肉较发达，豆娘的胸部肌肉较狭小。

B. 蜻蜓的飞行能力强，豆娘较弱。

C. 在停栖时，蜻蜓会将翅膀合起来直立于背上，豆娘会将翅膀平展在身体的两侧。

D. 蜻蜓的复眼大部分彼此相连或距离较近，豆娘的复眼距离较远。

螳螂

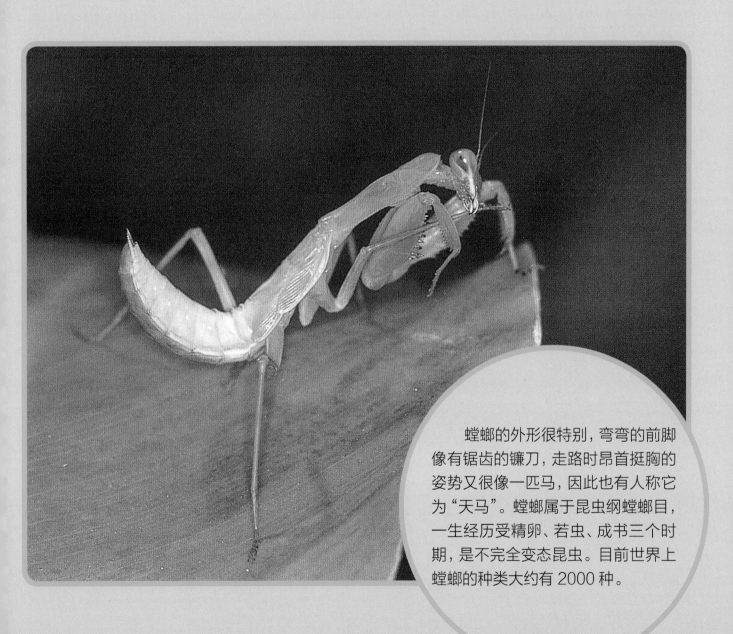

螳螂的外形很特别，弯弯的前脚像有锯齿的镰刀，走路时昂首挺胸的姿势又很像一匹马，因此也有人称它为"天马"。螳螂属于昆虫纲螳螂目，一生经历受精卵、若虫、成书三个时期，是不完全变态昆虫。目前世界上螳螂的种类大约有 2000 种。

肚子圆鼓鼓的雌螳螂准备找地方产卵。

雌螳螂的尾巴开始排出灰白色的泡沫。

一边排出泡沫，一边把卵产在泡沫里。

每个卵鞘（qiào）里有20～40个卵。

不同种类的螳螂，产卵的地点、卵鞘的外形也不一样。有的螳螂把卵产在树干上。

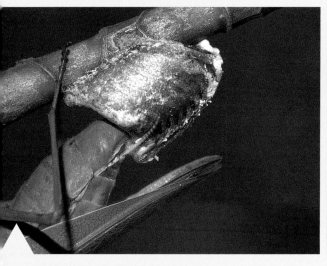
每次产卵约需2个小时。

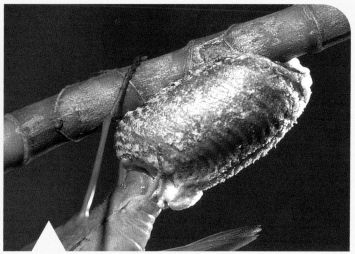
泡沫很快凝固形成一个卵鞘。

泡沫中的新生

有些螳螂会把
卵产在枯叶下。

肚子鼓鼓的螳螂妈妈，会找个安全的地方产卵，一边产卵一边从尾部排出灰白色的泡沫状物质，此物质凝固后就成了卵鞘，一颗颗卵就藏在卵鞘里。

为了使螳螂宝宝孵化时能顺利破囊而出，卵鞘内还有许多细小的空隙，这种卵鞘又称卵囊或螵蛸。

知识链接

像海绵一样的卵鞘，保护螳螂的卵度过寒冷的冬天。

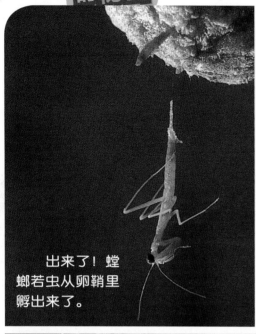

出来了！螳螂若虫从卵鞘里孵出来了。

刚孵出来的螳螂若虫约有1厘米长。

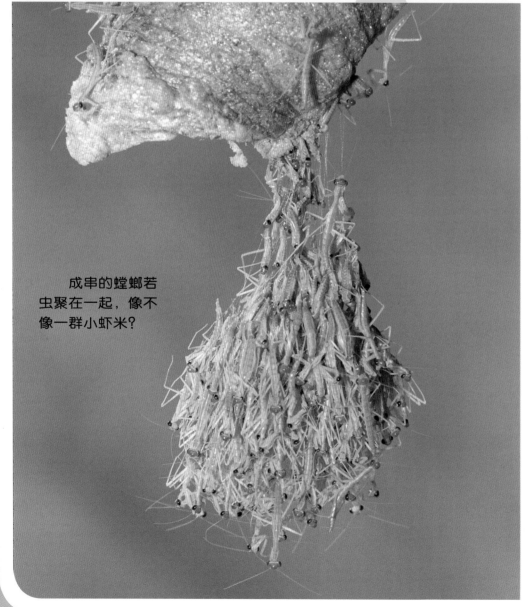

成串的螳螂若虫聚在一起，像不像一群小虾米？

知识链接

螳螂的卵通常在五六月间孵化，在气候温暖的地方，螳螂卵会提早孵化。

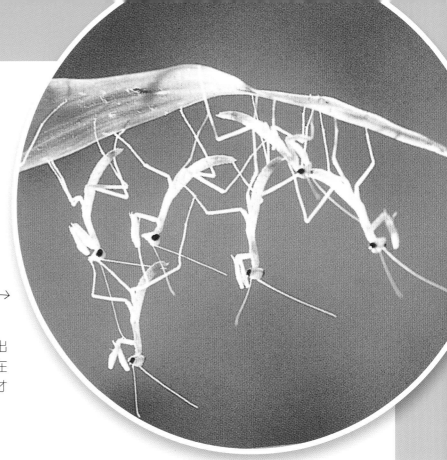

螳螂若虫刚孵出来时会成群结队地在一起，一段时间后才各自散开活动。

螳螂宝宝 孵出来了

装满螳螂卵的卵鞘一下子裂开了！螳螂宝宝一只接一只从卵鞘里爬出来，聚集在一起。刚孵化的螳螂宝宝又细又小，每一只都包裹着一层皮质的薄膜，看起来像一大群小虾米。蜕去薄膜后，它们露出螳螂的模样，这是螳螂第一次蜕皮。

螳螂若虫正在蜕皮。

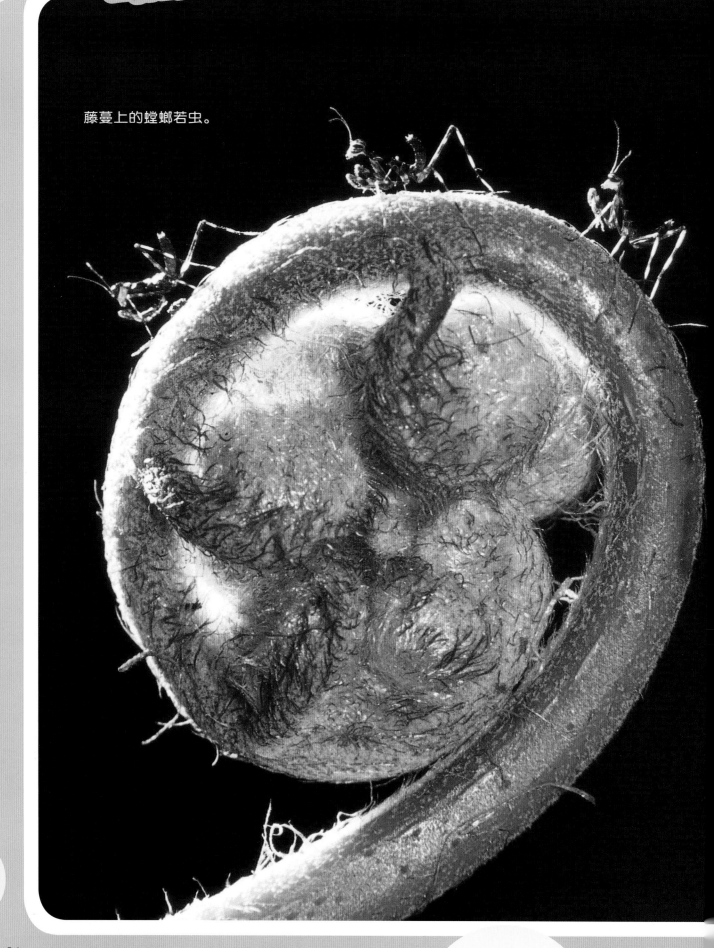

藤蔓上的螳螂若虫。

螳螂宝宝 长大了

　　螳螂宝宝在3个月内要经过6～7次的蜕皮，就像换掉不合身的旧衣服。每蜕一次皮，身体就长大许多，体色也由浅慢慢变深。最后一次换过"衣服"后，螳螂的背部会出现一对翅膀，这个过程称为羽化。羽化完成后，螳螂宝宝就变成一只成熟的螳螂了。

知识链接

螳螂若虫蜕一次皮，大约需要5分钟的时间。

加油！加油！努力把旧皮蜕下来。

终于把旧皮蜕下来了。

经过一次一次的蜕皮，螳螂若虫长大了。

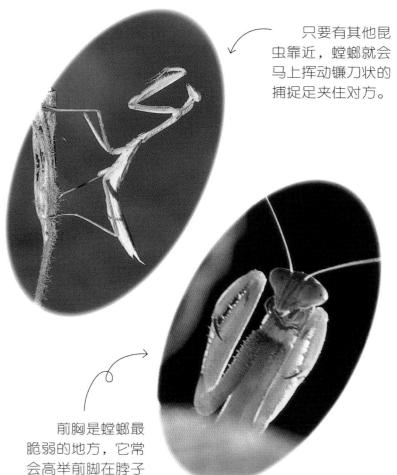

只要有其他昆虫靠近，螳螂就会马上挥动镰刀状的捕捉足夹住对方。

螳螂的前足有时伸直，有时弯曲，不动时好像在叩拜，所以有人叫它"拜拜虫"或"祈祷虫"。

前胸是螳螂最脆弱的地方，它常会高举前脚在脖子两侧保护自己。

知识链接

螳螂的前足又称"捕捉足"，是捕食和对抗敌人的好工具。

有锯齿的 大镰刀

　　螳螂弯弯的前足有好多尖尖的小锯齿，就像有锯齿的大镰刀。挥动镰刀手，打打螳螂拳，美味的昆虫大餐就到手啦！螳螂只吃虫不吃草，大虫小虫都爱吃。

螳螂爱干净，会清洁足上的倒钩。前足是捕食工具，仔细清洗才能保持锐利。

一口咬住对方的脖子，慢慢吃。

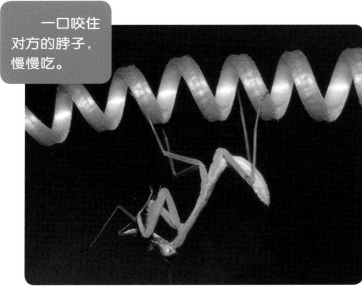

像镰刀的前足，紧紧夹住猎物。

用前足夹住小虫，享受美味的昆虫大餐。

螳螂具有咀嚼式的口器，强而有力的大颚帮忙咬碎食物。

螳螂如何清洗身体? （　　　）

A.站在水边洗个澡

B.仔细用嘴舔一舔

C.找片树叶蹭一蹭

D.好朋友们帮它洗

答案：B

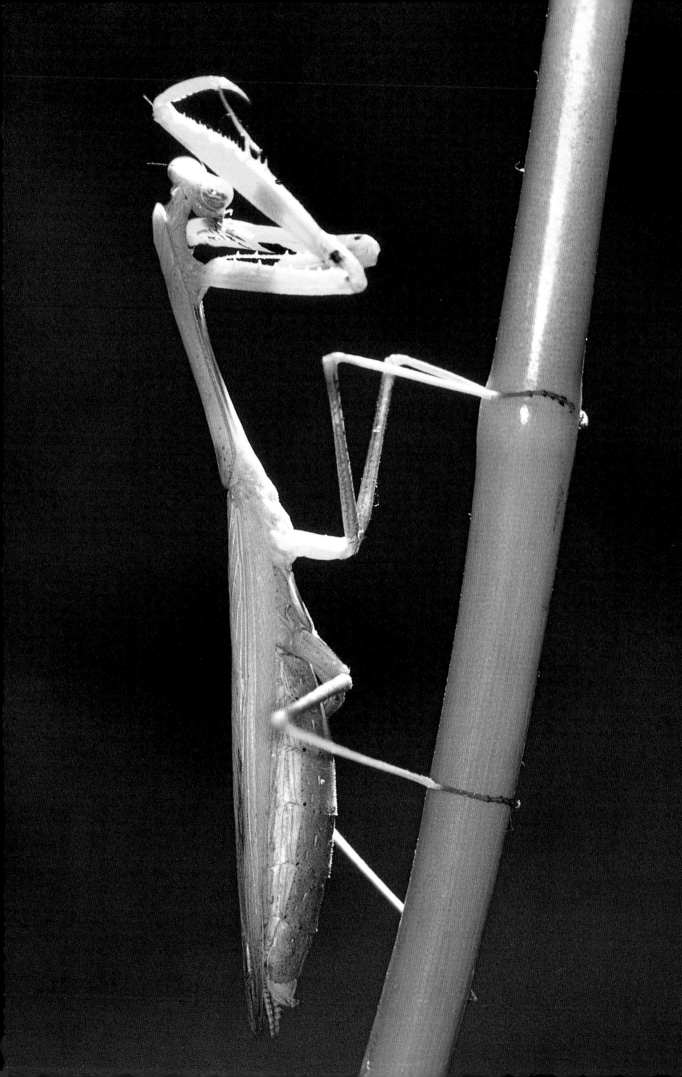

图书在版编目（CIP）数据

昆虫易容术 / 陈美玲等著；陈振祥等摄影；崔丽
君等插图 . -- 福州：福建少年儿童出版社，2023.4
（万物起源的秘密）
ISBN 978-7-5395-7729-6

Ⅰ . ①昆… Ⅱ . ①陈… ②陈… ③崔… Ⅲ . ①昆虫—
儿童读物 Ⅳ . ① Q96-49

中国国家版本馆 CIP 数据核字 (2023) 第 033198 号

万物起源的秘密

昆虫易容术
KUNCHONG YIRONGSHU

作者 : 陈美玲等 / 著　陈振祥等 / 摄影　崔丽君等 / 插图
出版发行：福建少年儿童出版社
http : //www.fjcp.com　E-mail : fcph@fjcp.com
社　　址：福州市东水路 76 号 17 层
邮　　编：350001
经　　销：福建新华发行（集团）有限责任公司
印　　刷：福州德安彩色印刷有限公司
地　　址：福州金山浦上工业园区 B 区 42 幢
开　　本：889 毫米 ×1194 毫米　1/16
总 印 张：4.75
版　　次：2023 年 4 月第 1 版
印　　次：2023 年 4 月第 1 次印刷
ISBN 978-7-5395-7729-6
定　　价：28.00 元
如有印、装质量问题，影响阅读，请直接与承印厂联系调换。
联系电话：0591-28059365